我的
小厨房
甜点午茶书

妍希老师的 *38* 道美味、无负担、
暖心下午茶甜点食谱

陈妍希————著　　王正毅————摄影

简单配方，却是撼动人心的美味

　　我喜欢吃甜点，却不太喜欢排队。每当有流行的甜点咖啡馆开幕，虽然觉得很诱人，但一看到那长长的队伍，就却步了。取而代之的方法，是在我那小小的厨房里，自己洗洗弄弄、煎烤一番，复制出一个同样的点心。顿时家中的小角落就成了自己一个人的咖啡馆。安静地聆听音乐、品尝点心，将心灵的疲惫完全地洗涤干净。

　　从我大学时代第一次吃到手工饼干开始，那愉悦的心情开启了我日后的甜点人生。只要烤箱中有一盘快出炉的饼干或蛋糕，整个家中就充满了温暖快乐的味道。刚出炉的甜点永远让我觉得像置身天堂，这也是我一直都希望和所有人分享的感受，因此我成为了一位蛋糕老师。轻咬下第一口脆饼的表情，是我最喜欢看到的！我常鼓励大家在家中亲自动手做甜点，手做的过程非常有趣，在专心制作的过程中，压力也慢慢地释放了。我喜欢简单、朴实的点心，既不需要太多工具，也不需要繁复的工序，单纯鸡蛋、奶油的好滋味却最能深深地感动人心。和各式甜点相处了近30年，最初时搜奇猎艳，想要学习繁复的品种，然而，最后留在身边、脑海中最想要告诉大家的，却是老祖母的简单配方，无论是简单的松饼还是像云朵般的海绵蛋糕，都是撼动人心的美味啊！

Contents

PART 1
梦幻吐司
Toast

PART 2
人气美味松饼
Waffles

Contents

PART 5
自制美味早午餐
Brunch

PART 6
午茶时间
Teatime

午茶前的
基本烘焙工具

A 擀面棍：制作派皮和面包时，用来擀开面皮的工具。
B 电子秤：因为刻度较小，所以较精准，可测量 1 克或 2 克的材料。
C 切面刀：不锈钢材质较锐利，适合将大面团分割为小块。
D 量杯：标准为一杯 200ml，用于测量液体材料。

E 松饼机：插电松饼机是制作格子松饼的工具，插电即加热，当蒸汽变小，
松饼就差不多做好了。

F 手持打蛋器：此种形状的打蛋器较适合搅打鸡蛋等较稀薄的液体。

G 刮板：制作面包时的切割和翻拌工具。

H 铸铁锅：厚而且受热均匀，做美式松饼或可丽饼时都很好用。波浪形铸铁锅
做帕尼尼时还可压出条纹花纹。

I 标准量匙：可分为大匙 15ml，小匙 5ml。使用时以平平一匙为标准。

J 大小刮刀：可充分贴合钢盆边缘。硅胶材质可耐热，可直接用于火上。

K 手持打蛋器：最基本的面糊及蛋液的混合工具。

PART 1

Toast

梦幻吐司

从小学时代起，我家的早餐桌上一直都是吐司面包。我很喜欢这种面包，但再怎么喜欢，也不可能两天吃完一条吐司，剩下的面包该怎么办？除了抹果酱，再多动手完成一两个步骤，就可以让吐司华丽大变身。

不论是可爱的蜜糖吐司、甜蜜的面包布丁，甚至完美的法式吐司，都可以从自家小厨房端出来呦！

吐司不可口了，
怎么办？

吐司是一种非常好改造的单品面包，单吃美味，拿来加工成各种三明治和甜点也不错。在选择吐司时，可以选品质比较厚实的产品，闻起来的香气不要太强烈，也不要挑选色泽洁白过度的吐司，这样的吐司加工再制时比较好用。

吐司的利用可能是所有面包中最多元的一种了。因为它没有额外的添加，所以甜咸皆宜，可以直接就面包本身添加其他元素成为另一种甜点，也可将面包拆解成碎粉成为自制面包粉。

例如，吐司买回家一、两天后，就没那么柔软可口，但放在冰箱中也没坏，怎么办呢？打造"法式吐司"就是一种让老化、不好吃的面包重生的方式。泡入鸡蛋、牛奶，就能让吐司回春，成为另一种面貌。或者是在面包中涂奶油、撒香料，让吐司成为可口的脆饼，美味却不麻烦喔！

Honey Toast

蜜糖吐司

美味关键

奶油要选无盐奶油，品牌种类不限，但其中"发酵奶油"的口味较清淡爽口。

份量
Serving

2~3 人份

材料
Ingredients

未切片吐司	半条
无盐奶油	2 大匙
砂糖	2 大匙
鲜奶油	1 杯
冰淇淋	1 球
自选喜欢的水果	适量

作法
Method

1 将半条吐司对半切成 2 份，只取 1 份挖出内部的吐司肉。

2 挖出的吐司切成吐司丁，刷上无盐奶油和砂糖。

3 烤箱预热 180℃，将吐司外壳和 作法2 的吐司丁放入烤箱烤 3~5 分钟至金黄香脆。

4 将 作法3 的吐司丁填回面包壳中，先放水果再放冰淇淋，最后挤上鲜奶油即可。

attention

若买不到未切的吐司，可以用厚片吐司半条约 4 片，留 1 片不切做底，其餘 3 片留框切去面包肉，将 3 片框叠在未切的底上，框与框之间抹上少许果酱黏合，其他作法照旧。

水果的组合必须视季节而定，但柳橙、奇异果和草莓是最讨喜的铁三角组合。

刚烤出来的面包温度很高，要略略放凉，同时先放水果隔离，以免直接放入冰淇淋和鲜奶油受热立刻溶化。

French Toast

法式
吐司

美味关键

面包要在蛋汁中放久一点，充分吸收水分。但泡过的面包容易湿湿烂烂的，要先放在冰箱中晾干，才能煎成外脆内软的成品喔。

份量
Serving

2 人份

材料
Ingredients

薄片吐司	4 片
鸡蛋	1 颗
全脂牛奶	100ml
香草精	少许
奶油奶酪	20~30g
无盐奶油	少许

作法
Method

1 将鸡蛋、全脂牛奶、香草精混合拌匀。

2 吐司浸泡在 作法1 中约 20 分钟，翻面再泡约 20 分钟。

3 泡好的吐司不挤压出水，轻轻放在网架上或冰箱中不加盖晾约 1 小时。

4 平底锅中放入无盐奶油溶化后，再放入 作法3 吐司煎一下，将其中 1 片放上奶油奶酪，再盖上另 1 片。

5 盖上锅盖，两面以小火焖煎 30 秒至 1 分钟，直到中心熟透即可。

attention

这种作法因水分较多不易煎透，所以选择薄片吐司并且要再盖锅盖焖一下。若想用厚一点的面包，在最后一个步骤时，将夹好馅料的面包放入烤箱，以180℃烤5分钟就会熟透了。

面包布丁

美味关键

这个配方刻意调低了糖量，烤好后洒些糖粉或淋上巧克力酱，更美观、美味。

份量
Serving

2 人份

材料
Ingredients

吐司	3 片
鸡蛋	2 颗
全脂牛奶	250ml
砂糖	70g
无盐奶油	少许
巧克力酱	适量

作法
Method

1 吐司两面抹上薄薄的无盐奶油后，对切成小块。

2 砂糖放入全脂牛奶中，开火煮至砂糖融化，熄火。

3 蛋打散，加入 作法2 拌匀。

4 将蛋倒入烤模中搅拌均匀，再倒入面包中浸泡约 10 分钟，让吐司充分吸收奶蛋液。

5 烤箱预热 170℃， 作法4 吐司放入烤箱烤约 30~40 分钟至鸡蛋完全凝固，取出静置放凉，淋上巧克力酱即可。

attention

放了数天且已经干硬的吐司，很适合拿来做面包布丁，加了牛奶后烘烤，又会成为柔软、美味的点心。

read Pudding

French Cheese Sandwich

法式咬咬
奶酪
三明治

美味关键

建议使用法式三明治火腿，不要用四方形的再制火腿。前者可以看到肉的纤维，而后者是用肉浆再制而成。要选用真正的奶酪，而不是一片片的再制奶酪，两者风味落差相当大喔！

份量
Serving

1 人份

材料
Ingredients

吐司	2 片
奶酪片	2 片
火腿	1 片
无盐奶油	1 大匙

作法
Method

1 吐司抹上少许无盐奶油，先放入平底锅中，两面煎成金黄色。

2 将煎好那面夹入火腿和奶酪，再放回锅中，若无盐奶油不够，适量加入再煎成金黄色。

3 将另一片煎好的吐司再撒上奶酪条，送进烤箱烤约 5 分钟上色即可。

attention

面包先抹上无盐奶油再入锅，煎出来的颜色较均匀。

French Cheese Sandwich

French Toast Sticks

法式
吐司棒

美味关键

这道简单的点心，制作重点在于：面包边要充分地沾满奶油，味道才会香脆。

份量
Serving

2 人份

材料
Ingredients

吐司面包边	4 片
无盐奶油	1 大匙
砂糖	1 大匙
肉桂粉	1/4 小匙
豆蔻粉	1/2 小匙

作法
Method

1 无盐奶油加热融化后，放入吐司边，让吐司边充分地浸泡无盐奶油。

2 烤箱预热180℃，放入吐司边烤约15分钟至金黄酥脆。

3 将砂糖、肉桂粉、豆蔻粉混合均匀，再放入烤好的吐司棒，充分拌匀即可。

attention

肉桂和豆蔻都是让身心温暖的芬芳香料。可惜的是，有不少朋友不习惯此种香料，若真心不爱此味，可以用姜粉取代。若不爱所有的辛香料，可直接省略或以少许橘皮或柠檬皮屑取代，也很可口。

French Toast Sticks

2

Waffles

人气
美味松饼

说到松饼，那可是我进入甜点世界学的第一种点心呢……我做第一个松饼时是看着完全不懂的文字，只按照图片依样划葫芦做出来的，成品当然是又干又扁喽！

经过了漫长的时间演进，我学会了美式的热锅松饼、欧式的酵母松饼、日式华丽的蛋糕松饼……这块小小的饼，几乎见证了我的甜点进化史。

Column

松饼的配方
都一样吗?

　　松饼大概是我见过的最自由随兴的甜点了，Waffle,
pancake,hot cake……指的都是松饼，但这些名字指的是
同一种东西吗？有人说自己的松饼是法式、日式、比利时
式……五花八门的说法让人头晕理不清方向！要让我来分
门别类，通常可直接将松饼分成两种：一种是平底锅煎出
的 pancake 松饼；一种是用插电式格子铁盘压出的格子
松饼。

　　松饼本体的作法看起来五花八门，但基本方法是维持
液体为面粉两倍的比例，再利用泡打粉或酵母让它松发。
通常本体的味道都比较朴素平淡，做好后藉由淋上去的蜂
蜜、枫糖和无盐奶油、水果等制造美味华丽的效果。整体
来说，松饼本体的热量还好，只要不涂太多无盐奶油、蜂
蜜，就不算是热量地雷。

　　想做出好吃的松饼，就要先找出自己喜欢的是美式
早餐中最具代表性的 pancake，也就是常见的麦当劳松
饼（传到日本就成了原宿的杏桃松饼），还是松松软软、
源自比利时的像鸡蛋糕的格子松饼。在台湾，最为人所知
的就属米朗琪的草莓松饼了，另一种则是加入脆脆珍珠糖
的发酵型格子饼，来自比利时的另一个城市——列日。

　　想好了吗？哪一味才是你心中的松饼女神呢？

Pancakes

美式
松饼

美味关键

面糊中，无盐奶油和糖的比例不能改变喔！这样煎好的松饼才会柔软而有湿度。

份量
Serving

4~5 片

材料
Ingredients

低筋面粉	150g
泡打粉	1 小匙
鸡蛋	1 颗
（蛋白和蛋黄分开）	
砂糖	40g
全脂牛奶	100g
无盐奶油	1 大匙

作法
Method

1. 蛋黄加入全脂牛奶和糖20g搅拌均匀。
2. 蛋白加糖20g打发。
3. 低筋面粉、泡打粉拌匀。
4. 将 作法2 和 作法3 分次加入 作法1 中拌匀，放入溶化的无盐奶油，做成面糊。
5. 平底锅先以中火热透，不需抹油，舀一匙面糊至锅中，转小火慢煎至表面冒出无数小气孔才可翻面，两面煎熟即可。

attention

这个配方吃起来不太有甜味，要淋蜂蜜或枫糖浆再抹无盐奶油吃，才会觉得又香又甜。
记住！锅底要够厚，才能用小火很平均地煎熟喔。

Pancakes

Soufflé Muffin

舒芙蕾 厚松饼

美味关键

要让松饼美味、松软，有三种方式：
A 加入泡打粉——最简单、不易失败。B 拌入打发蛋白——口感就像蛋糕，缺点是若无电动打蛋器，手会很酸……C 使用酵母——比利时松饼就是如此，口感软中带 Q，但耗费时间较长。

份量
Serving

3 人份

材料
Ingredients

低筋面粉	130g
泡打粉	2g
蜂蜜	15g
全脂牛奶	120g
无盐奶油	40g
鸡蛋	2 颗
砂糖	60g

作法
Method

1　低筋面粉加泡打粉混匀；全脂牛奶加无盐奶油混匀。

2　两颗鸡蛋蛋白、蛋黄分开，蛋黄加蜂蜜拌匀后，加入 作法 1 搅拌均匀。

3　蛋白加糖打发，拌入 作法 2 搅中。

4　模型圈均匀抹上奶油，倒入面糊，平底锅上铺烘焙纸，放入面糊模型加热，送进预热170℃烤箱烤15分钟即可。

attention

厚煎饼要煎熟且不焦黑，火候掌握比较困难，故使用烤箱完成较简单。但也可使用厚底锅，用小而稳定的火候、加上盖子以烘烤完成。

Brussels Waffles

布鲁塞尔
松饼

美味关键

布鲁塞尔松饼加入很多打发蛋白，相比之下无盐奶油较少。
淋上糖粉或枫糖来增加风味，口感较松、较轻盈。

份量
Serving

2 人份

材料 A
Ingredients A

蛋白	3 个
砂糖	3 大匙

材料 B
Ingredients B

全脂牛奶	180g
盐	1/4 匙
蛋黄	3 个
即溶酵母	1 小匙
低筋面粉	240g
溶化无盐奶油	80g

作法
Method

1 蛋白加砂糖打发，加入 材料B 搅拌匀成面糊。

2 作法1 搅面糊静置发酵1小时，再倒入松饼机烘烤。

3 烤好后，淋上枫糖、蜂蜜或糖粉，也可以放上香蕉、草莓等水果切片。

attention

使用松饼机前要先预热，面糊放入一小段时间后，会冒出大量蒸气，当蒸气的量减少了，大概就是松饼快要烤好了。

russels Waffles

Liege Waffles

列日
松饼

美味关键

列日松饼的油脂含量较高，加入珍珠糖后，烤好的松饼甜度
也较高。

份量
Serving

3 人份

材料
Ingredients

全脂牛奶	100g
溶化无盐奶油	100g
糖	2 大匙
盐	1/4 小匙
即溶酵母	1 小匙
低筋面粉	240g
珍珠糖	100g
肉桂粉	少许
豆蔻粉	少许

作法
Method

1 所有材料混合均匀后，静置
发酵 1 小时以上。

2 将 作法1 面糊舀上松饼机烘
烤，大部分会呈不规则的圆形。

Liege Waffles

Ice Cream Waffles

香蕉
冰淇淋
松饼

美味关键

咖啡店里红透半边天的草莓松饼也是格子状，但并不是比利时松饼的作法喔，而是用美式松饼的配方，放入格子松饼机中烘烤、出炉后加上水果和鲜奶油，就是豪华松饼下午茶喽！

份量
Serving

2 人份

材料
Ingredients

低筋面粉	150g
鸡蛋	1 颗
（蛋白和蛋黄分开）	
砂糖	40g
全脂牛奶	100g
泡打粉	1 小匙
无盐奶油	1 大匙
香蕉	适量
（依季节选用喜爱的水果）	
冰淇淋	依个人喜好

作法
Method

1 蛋黄加入全脂牛奶和糖 20g 搅拌均匀。

2 蛋白加糖 20g 打发。

3 低筋面粉、泡打粉拌匀。

4 将 作法2 和 作法3 分次加入 作法1 中拌匀，放入溶化的无盐奶油，做成面糊。

5 将 作法4 面糊舀入松饼机烘烤后取出，装饰香蕉和冰淇淋即可。

attention

香蕉是种容易变黑的水果，切开后别忘了抹上少许柠檬汁来维持它美丽的色泽喔！两片松饼之间可挤上少许打发鲜奶油，让香蕉片乖乖的黏在中间不易脱落。

3

Cakes

简单做蛋糕

最近，华丽的蛋糕店在城市里如雨后春笋般越来越多了，蛋糕柜里满满的尽是像珠宝一般的小点心。然而，美丽的华服虽会吸引我们的视线，但居家时，我们仍然会穿上舒适的家居服。一个人的下午，常常最想吃的，还是朴素的戚风蛋糕、奶酪蛋糕或小杯子蛋糕……

这些，用我的小厨房就可以办到了！

做出好吃的蛋糕，
选材很重要

年少时，曾经以为做法愈繁复的甜点，美味指数会愈高，也曾着迷于酷炫的美丽外表。但随着年纪渐长，发现真正隽永的好滋味，其实都是非常简单的。

大概没人会讨厌漂亮的小蛋糕吧？意外的是，单纯的蛋糕都还挺容易做的。顾名思义，"蛋糕"里的"蛋"这项材料很重要，尤其是"杯子蛋糕"和"戚风蛋糕"，都是在表现蛋的味道，建议要选用比较好的鸡蛋。买鸡蛋时，蛋壳是红是白、蛋黄是否偏橘黄色并非选择依据，新鲜、无抗生素残留才是选购重点，好的鸡蛋不会水水的，且无腥味。

因为蛋糕使用了大量鸡蛋创造蓬松效果，成品的空气多、实际体积小，所以是热量相对较低的甜点。

Cupcakes

杯子
蛋糕

美味关键

要做出外表更美观的杯子蛋糕，可放上奶油奶酪酱或打发的鲜奶油等做出美丽造型。

份量
Serving

6 个

材料
Ingredients

低筋面粉	100g
泡打粉	1 小匙
砂糖	80g
溶化的奶油	80g
鸡蛋	1 颗
全脂牛奶	2 大匙
香草精	少许

作法
Method

1 低筋面粉、泡打粉一起过筛，备用。

2 蛋、砂糖搅打至糖溶化，再加入溶化的奶油拌匀；烤箱预热175℃。

3 将 作法1 与 作法2 材料，再加入全脂牛奶、香草精拌匀后，倒入小杯子模中，放入烤箱烤20~25分即可。

attention

杯子蛋糕其实是统称，凡是放在小杯子模中烤熟的，都叫杯子蛋糕。其配方包括海绵蛋糕、磅蛋糕、天使蛋糕……本书的配方是玛芬小蛋糕，做出来的口感较湿润、带黏性，不容易失手，非常适合初学者。

Cheese 酱的配方
Cheese sauce

cream cheese   100g

无盐奶油   15g

糖粉   40g

柠檬汁 1 大匙

作法
Practice

所有材料搅拌至均匀滑顺即可。如果想加味，让 Cheese 酱有些果香，可将水果（如，草莓、百香果、芒果）搅碎，加入 Cheese 酱里，或加入 1~2 匙果酱。

Cupcakes

Cake Salé

法式
咸蛋糕

美味关键

奶酪丝要最后洒，风味和卖相会更好喔。

份量
Serving

长20cm，宽5cm长条模具一条

材料
Ingredients

低筋面粉	120g
泡打粉	1又1/2小匙
盐	1/4小匙
胡椒	少许
鸡蛋	2颗
全脂牛奶	30ml
色拉油	50ml
培根	2片
西式香肠	2根
奶酪丝	半杯

作法
Method

1 低筋面粉、泡打粉、盐、胡椒粉拌匀。

2 蛋、色拉油拌匀后，加入 作法1 中与全脂牛奶拌匀成面糊。

3 香肠和培根切小丁，放入平底锅中煎出香味，放凉。

4 将1/2的 作法3 材料拌入面糊后，倒入模型中，表面铺上另1/2的 作法3 再洒上奶酪丝，送进预热170℃烤箱中烤30~40分至金黄香酥。

attention

虽然名为蛋糕，但这其实是种咸味的快速面包，外表像是没有派皮的咸派。西方的快速面包都是用泡打粉做蓬松的效果，口感略湿而带有粗糙感，很适合切成薄片当作下酒菜或家庭小宴会的开胃小点。

Pan Cake

煎锅蛋糕

美味关键

湿润的面糊支撑力不强，形状不会太优美，必须添加各式材料做些装饰变化。

份量
Serving

直径 20cm 铁锅大小

材料 A
Ingredients A

低筋面粉	60g
泡打粉	1 小匙
砂糖	20g
全脂牛奶	120ml
鸡蛋	2 颗
香草精	少许

材料 B
Ingredients B

无盐奶油	少许
糖粉	少许

作法
Method

1 材料A 拌匀成面糊，静置约 15~20 分钟。

2 锅中抹满厚厚的无盐奶油，再倒入 作法1 的面糊。

3 烤箱预热230℃，将 作法2 的面糊送进烤箱烤约 10~15 分钟，趁着蓬松、热热时，洒上糖粉食用。

attention

这是一种欧洲的乡村式蛋糕，非常朴素，要趁热吃，否则凉了之后会严重塌陷。

可以放上香蕉、苹果等水果搭配装饰也不错。

Pan Cake

Cheesecake

奶酪蛋糕

美味关键

奶酪蛋糕不需要过度搅拌，所有材料只要搅拌均匀即可。搅拌过头很容易在烘烤过程中蓬松得过高，导致放凉后会过度塌缩。

份量
Serving

6寸圆形模大小

材料
Ingredients

饼干	100g
无盐奶油	50g
奶油奶酪	250g
无糖酸奶	100g
鸡蛋	2 颗
砂糖	80g

作法
Method

1 饼干捣碎，和软化的无盐奶油混合；模型底部抹油或铺上烘焙纸，再铺入饼干压实。

2 奶油奶酪放室温软化后，加入砂糖拌匀。

3 分次将蛋拌入 作法2 中，确认第一颗蛋拌匀后，才能加第二颗蛋。

4 无糖酸奶加入 作法3 拌匀后，倒入 作法1 的饼模中。

5 另取一个较大的模型，注入1/2 沸水，再将奶酪模放入沸水中，一起放入预热170℃的烤箱中烤 50~60 分钟即可。

attention

将奶酪模放入沸水中再进烤箱，是为了防止奶酪太膨发。

Cheesecake

Chiffon Cake

戚风
蛋糕

美味关键

使用戚风模时通常不必抹油,利用面糊会黏住边壁的原理向上长高,而倒扣放凉是利用地心引力让长大的面糊不内缩。

份量
Serving

直径 20cm 戚风模

材料
Ingredients A

蛋白	3 颗
砂糖	70g

材料 B
Ingredients B

蛋黄	3 颗
砂糖	30g
色拉油	30ml
全脂牛奶	30ml
低筋面粉	100g
泡打粉	1/2 小匙

作法
Method

1 蛋白加砂糖70g打发至拉起打发蛋白也不会掉下来。

2 蛋黄加砂糖30g打发成奶油色,再加入色拉油、全脂牛奶拌匀 作法1 。

3 低筋面粉加泡打粉过筛后,拌入 作法2 中即可入模,以170℃烤35分钟。一出炉就要倒扣,直到全凉后才可取出。

attention

通常,戚风蛋糕模型中间有根圆筒,目的是方便出炉时倒扣,让蛋糕不至于碰到桌面。

倒扣时,若蛋糕掉出模型外,可能是面糊没有完全烤熟或搅拌过头了,导致蛋白消泡。

自己做
下午茶点

　　我常常和朋友笑称，身为一位烹饪老师，我其实是一位工人，完全没有贵妇命。不过很多咖啡馆里的点心倒是不难制作，偶尔忙里偷闲，享受一下贵妇下午茶时光，真的非常快乐！其实，这一切真的不难，每个人都可以在自家做个快乐的贵妇。

好吃点心的灵魂在奶油

其实，漂亮的下午茶点心不一定很难做呦！很多大受欢迎的甜点也很适合在家中制作，此时选材就很重要。我常说，就算失手、样子不好看，但只要选对材料味道可不会改变！光是法国奶油加鸡蛋就已经好吃到不行。

大部分点心的主角都是奶油，这可是好吃的灵魂啊！现在超市就可以买到澳大利亚、新西兰、丹麦和法国的品牌，其中法国的是发酵奶油，而发酵和没发酵的区别是什么？当然是味道喽！

发酵奶油中加了类似制作酸奶的酵母菌，所以会有清爽的酸味，乳脂的味道也比较清香。我自己最喜欢法国法定产区的奶油，但价格相对也高，入门第一课就是先选出自己喜欢、价格也合意的奶油品牌。

书中食谱的油糖比例都是费心调整的，尽量不要修改。因为油糖和液体原料除了调味之外，还肩负着重要的化学作用，会影响成品的干湿和润滑感，千万别为了怕胖而改变配方喔！要是怕胖，就把蛋糕切小块一点吧。

Ice Cream Pot

冰淇淋盆栽

美味关键

马斯卡朋是一种新鲜高脂的意大利奶酪，口味鲜爽、柔软是其特色。在烘焙材料商店和大卖场都买得到。若不想特别购买，可用一般奶油奶酪代替。

份量
Serving

6个

材料
Ingredients

马斯卡朋奶酪	1盒
鸡蛋	3颗
砂糖	30g
吉利丁片	2片
鲜奶油	200ml
朗姆酒	1大匙
巧克力饼干	6片
新鲜薄荷叶	适量

作法
Method

1 蛋白、蛋黄分开，取蛋黄加糖，隔热水打发。

2 将马斯卡朋奶酪加入 作法1 中混拌均匀。

3 吉利丁加1大匙冷开水泡软，隔水煮溶，再加入 作法2 及朗姆酒拌匀。

4 将鲜奶油打发后，加入 作法3 中拌匀，倒入小花盆模型，放入冰箱冷却凝固。

5 巧克力饼干压碎，铺在花盆表面，再插上新鲜薄荷就完成了。

attention

一定要用食品级的仿花盆小模型，千万不可购买园艺用小花盆代替。园艺花盆大多使用再生塑胶，容易有不可食用的原料释出。

Ice Cream Pot

Bagels

贝果

美味关键

煮贝果的水中一定要放糖，可以增加贝果表面的色泽，提供良好的风味和口感。

份量
Serving

5个

材料 A
Ingredients A

中筋面粉	200g
砂糖	12g
盐	3g
即溶酵母	2g
无盐奶油	15g
水	120ml

材料 B
Ingredients B

水	1公升
黑糖	3大匙

作法
Method

1 无盐奶油用手捏软，备用。

2 中筋面粉、砂糖、盐和即溶酵母混匀后，加水揉成团。

3 将软化的奶油加入 作法2 中，继续揉约15分钟至面团可以拉出透明薄膜，再盖住面团发酵30分钟。

4 将面团分成5份后揉圆，静置松弛15分钟。

5 松弛好的面团搓成长条型，再头尾相接成圈型，放在烘焙纸上静置30分钟。

6 锅内放1升水和3大匙黑糖一起煮滚。

7 发酵好的贝果放入沸水中，两面各烫30秒，捞出沥干在预热230℃烤箱中烤约15分钟即可。

attention

坊间贝果作法有很多种。本书采用简单、短时间可完成的半发酵作法。这配方口感厚实，有点像我国的馒头或大饼，相当有嚼劲，而且只要用手揉就搞定了，不必花太多时间。

Bagels

British Scone

英式
司康

美味关键

面皮的厚度会影响蓬松度，若希望成品可轻易掰成上下两片，面皮厚度要高于 2 公分，用锐利的压模快速切下，让边壁利落不沾黏，烘烤时才会膨发地漂亮。

份量
Serving

6 个

材料
Ingredients

低筋面粉	250g
泡打粉	1 又 1/2 小匙
盐	1/4 小匙
砂糖	40g
无盐奶油	80g
无糖酸奶	120g
鸡蛋	1 颗

作法
Method

1 低筋面粉加泡打粉过筛，再加入糖和盐混拌均匀。

2 将无盐奶油加入 作法1 中，用手指搓成小颗粒。

3 加入无糖酸奶混匀，轻压成一个面团后，用保鲜膜包好冷藏 1 小时。

4 面团取出不必化冰，擀成 2cm 厚的面皮，用饼干模压出 6cm 直径的圆饼后，放入预热 220℃ 的烤箱中烤 15~18 分钟即可。

attention

这是一种老式的快速面包，和蛋糕派皮相比，它的油糖皆不高。
揉团时若有些黏手，可适时洒些手粉防止沾黏。

British Scone

Focamlia

佛卡夏

美味关键

具有橄榄油的风味，是佛卡夏的特色，若想换成别种油亦可，但风味会差很多。

份量
Serving

2个

材料
Ingredients

高筋面粉	300g
即溶酵母	1 小匙
盐	1 又 1/4 小匙
水	180ml
橄榄油	2 大匙

作法
Method

1 所有材料放入大碗中，揉成一个粗糙的面团，静置一旁。每隔 15 分钟，将面团对折 2 次，1 小时后就会成为光滑、有弹性的面团。

2 将 作法1 分成两份，分别揉圆后盖上盖子静置 15 分钟后，将面团擀开压扁，放到烘焙纸上静置 30 分钟，做最后发酵。

3 在已发酵的蓬松面皮上，用手指深深的戳洞。在表面洒上食谱份量外的橄榄油和盐以增加风味，送进预热 200℃的烤箱中烤约 20 分钟即可。

attention

如果你喜欢，也可以在表面撒些胡椒或迷迭香等香料，随兴即可。
最后戳洞要戳深一点，不然烤完后会变成一张平平的大饼。
表面浇淋的橄榄油和盐没写在食谱份量内，可依个人喜好增减。但如果加的大方些，烤完表面会酥脆。

Grand Marnier Soufflé

橙酒
舒芙蕾

美味关键

烤碗内的油和糖要抹得很均匀，奶糊才会不沾黏并顺利向上长高。

份量
Serving

4个

材料
Ingredients

蛋	3颗
砂糖	80g
全脂牛奶	120g
玉米粉	15g
低筋面粉	15g
香橙酒	2大匙
香草精	少许

作法
Method

1 先将碗涂抹份量外的奶油，再均匀洒满白砂糖，备用。

2 全脂牛奶和砂糖20g拌匀、加热至糖溶化。

3 玉米粉和2颗蛋黄拌匀后，加入 作法2 中搅至无颗粒，回火上煮出稠度，再加入第3颗蛋黄和面粉，再回火上煮稠，加入香橙酒放凉。

4 蛋白加砂糖60g打发拌入 作法3 中，搅拌均匀后倒入烤碗，以200℃烤25~30分钟即可。

attention

舒芙蕾是必须现烤现吃的甜点。降温后，空松柔软的内部无法支撑其重量，舒芙蕾的外观会严重塌陷。美丽的外表仅能维持约15分钟，若想作为宴客的饭后甜点，必须算好上菜时间喔！

蛋白打太发和不够发，或搅拌太久都可能让成品膨发的不完美。<u>打发状态参见 P.050</u>

Grand Marnier Soufflé

Cinnamon Rolls

肉桂卷

美味关键

这是用免揉面包为基底的肉桂卷，手不会揉得很酸，但面团一定要放在冰箱静置 12 小时以上，让面团在低温中有足够时间发酵。

份量
Serving

6 个

材料 A
Ingredients A

中筋面粉	300g
砂糖	60g
盐	1/2 小匙
即溶酵母	1 小匙

材料 B
Ingredients B

鸡蛋	1 颗
溶化无盐奶油	60g
全脂牛奶	150g
肉桂粉	1 小匙
糖	1 小匙
蜂蜜	1 小匙
无盐奶油	30g

作法
Method

1 将 材料A 混匀后加入 材料B，揉成一个粗糙的面团静置一旁。

2 每隔 30 分钟，将面团对折 2 次，总共做 4 次、约 2 小时。

3 将 作法2 的面团盖严密后，放到冰箱静置一晚。

4 隔日面团取出后不必化冰，直接擀开成长方形面皮，抹上软化的奶油、再淋上蜂蜜，最后洒上糖和肉桂粉，像寿司般卷起面皮，再切成 6 小块送入烤箱，用 200℃ 烤 25 分钟即可。

attention

操作时，若觉得面团黏手，可以洒一些手粉，让表面光滑就好做了。

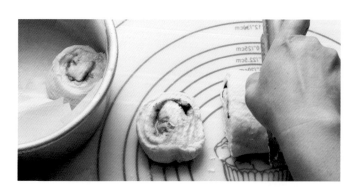

Cinnamon Rolls

Brunch

自制美味
早午餐

每个人每天都要吃早餐，但早餐可能是一天中最紧张的一餐，必须迅速解决，完全无法细细品尝食物的美味。于是，假日的早午餐就变成一种救赎，象征轻松，同时也打开了胃口。

悠悠闲闲的慢慢做，无畏时间流逝的慢慢吃，补充了心灵的闲散，为的是接下来可以再好好冲刺。

自制早午餐，
如何平衡美味
与热量？

　　我很喜欢上网浏览网友分享吃早午餐的照片，真的非常有趣。大大的餐盘一上桌，所有人似乎顿时都被催眠了，一脸沉浸在幸福里的表情。但若仔细看盘子的内容物，其实都是不太费力、在家也能制作的餐点。盘中的元素主要为鸡蛋、培根、面包、沙拉……当这些食物同时出现在盘子里时，光看就让人开心啦！

　　早午餐的做法简单，所以挑选食材很重要。买鸡蛋时，蛋壳是红是白、蛋黄是否偏橘黄色并非选择依据，因为不同的鸡种和饲料会造成上述颜色的不同；新鲜、无抗生素残留才是重点，好的蛋不会水水的，也没有腥味，做出来的炒蛋和欧姆蛋自然是美味的。选择面包不要将就，新鲜才会有好味道。附带一提，买面包时一定要看标签，通常使用酥油和植物性奶油的面包有太多反式脂肪，不利于身体健康。选择奶酪、火腿和奶油时，尽量不要选用再制品，也就是说它们的外观可能不是整齐的方形或圆形，而是呈现食物自然的不规则样貌。

　　早午餐里隐藏的热量非常多，因为制作面包时要使用油、面包做好得抹上奶油或美乃滋、煎蛋、培根和其他馅料制作时也要用油脂……因此当你选择了高热量的面包，如可颂、布里欧等，馅料要选择比较清爽或含生菜比例高的，这样美味和热量会稍微平衡一些。

Caesar Salad

凯萨
沙拉

美味关键

凯萨沙拉的咸味主要来自鳀鱼，这是不可或缺的材料喔！

份量
Serving

1 人份

材料
Ingredients

美乃滋

蛋黄	1 颗
色拉油	400ml
盐	1 小匙
糖	1 大匙
白醋	1 大匙

凯萨酱

美乃滋	150g
鳀鱼	1 条
绿橄榄	1 大匙
第戎芥末酱	1/2 大匙
蒜头	1 瓣
酒醋	1 大匙
乌斯特醋	数滴

沙拉

萝蔓叶	4 ~ 5 片
培根	1 片
面包丁	少许
帕马森奶酪	少许

作法
Method

1 蛋黄加糖和盐，用打蛋器打发，慢慢加入一半色拉油打发，再加入白醋打发，最后缓缓加入剩下的油，一边打发，此即美乃滋。

2 鳀鱼、绿橄榄、蒜头碾成泥，再加入美乃滋、第戎芥末酱、酒醋和乌斯特醋，拌匀，即为凯萨酱。

3 培根和面包丁一起入锅煎脆，萝蔓泡冰水后沥干撕成小块，和凯萨酱拌匀，洒上面包丁和培根，再洒上起帕马森奶酪即可。

attention

美乃滋打好后，一部分做凯萨酱，其他的用来做三明治或沙拉也很好吃。
可以冷藏一两个月。
鳀鱼很咸，做完后尝尝再决定是否额外加盐。

Caesar Salad

Peanut Butter Beef Burger

花生酱
牛肉汉堡

美味关键

面包在锅中煎至酥脆很重要，可让表面松软又香酥。

份量
Serving

2个

材料
Ingredients

牛绞肉	150g
鸡蛋	1颗
洋葱	1/8个
豆蔻粉	少许
盐	少许
胡椒	少许
花生酱	1大匙
美乃滋	2大匙
奶酪	2片
汉堡面包	2个

作法
Method

1 洋葱切丝，用少许油炒成焦糖色，放凉。牛绞肉拌入洋葱，再加入鸡蛋、豆蔻粉、盐、胡椒，搅拌成有黏性的肉团。

2 将肉团分成两份拍圆，用平底锅两面煎熟。

3 汉堡面包剖成两半，放入平底锅煎烤，再抹上美乃滋。

4 作法2 的肉饼上放奶酪片，盖上锅盖焖至奶酪片软化，铲到面包上，再浇淋花生酱，盖上另一片面包即可。

attention

美乃滋的作用是防水兼调味，让肉汁不要太快沾湿面包。

锅子先预热，等锅子热透后再放肉饼。千万别急于翻面，以大火煎30秒至1分钟后把火转小一点，等肉饼侧面都发白，再试试可否把肉饼铲离锅子，才可以再翻面。

Peanut Butter Beef Burg

Panini

帕尼尼

美味关键

帕尼尼的特色就是条纹的煎烙痕，经过重压后，材料会相当紧实。

份量
Serving

2人份

材料
Ingredients

小法国面包	1条
无盐奶油	1大匙
瑞士奶酪	1块
培根	1片
波浪纹煎锅或插电帕尼尼机	1台

作法
Method

1 法国面包横剖后，抹上无盐奶油，再放入奶酪和培根。
2 将 作法1 的面包放入煎锅，夹出焦痕。
3 若使用煎锅，煎的时候要放一个略重的锅子压着面包，等纹路出现后，翻面再煎。

attention

若不想买这种特殊锅具，也可以用平底锅。虽然无法夹出美丽的烙痕，但也会酥脆密实，很好吃。

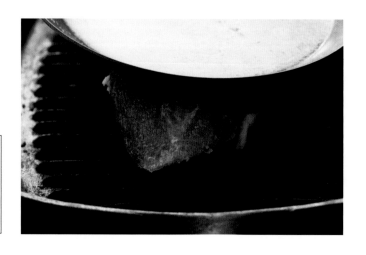

Panini

Omelet

欧姆蛋

美味关键

一人份的欧姆蛋使用 3 颗鸡蛋是最好操作的配方，若想减少
蛋量，要选择较小的锅子，否则很难做出蓬松、有厚度的美
丽半月形欧姆蛋。

份量
Serving

1 人份

材料
Ingredients

鸡蛋	3 颗
鲜奶油	2 大匙
盐	少许
胡椒	少许
火腿	30g
奶酪丝	1 大匙
无盐奶油	少许

作法
Method

1 火腿切丁，备用；鸡蛋、鲜
　奶油、盐和胡椒，打散。

2 平底锅加热后，放入无盐奶油
　少许，再倒入 作法1 蛋液，快速
　搅动中心，让蛋均匀变熟。

3 把火腿丁和奶酪丝放在蛋液
　中心，从蛋外侧往内卷成半
　月形，两面微煎即可。

attention

鸡蛋加了鲜奶油才会松软好吃，若有
热量或健康考量，可以用等量的全脂
牛奶代替。
漂亮的半月形欧姆蛋是靠着往内卷
时，内侧锅缘的弧形来定型，这是需
要多练习几次才能掌握的技巧。

Omelet

Croissants

可颂
三明治

美味关键

要先放生菜再放酱，让酱夹在生菜和熏鲑鱼间以隔离水气，面包才不会湿掉。

份量
Serving

1 人份

材料
Ingredients

熏鲑鱼	1 片
法式第戎芥末酱	1 小匙
奶油奶酪	2 大匙
无糖酸奶	1/2 大匙
生菜	1 片
可颂	1 个

作法
Method

1 将法式第戎芥末酱、奶油奶酪、无糖酸奶，一起搅拌均匀。

2 可颂横切一刀后，先放入生菜，再放上 作法1 的酱料，最后盖上鲑鱼片即可。

attention

第戎是法国的地名，出产的芥末酱品质优良，通常是有颗粒状的芥末酱，但也可用无颗粒的黄色芥末酱代替。

croissants

Wrapanini

热压砖饼

美味关键

热压砖饼的外皮使用的是墨西哥人常吃的一种圆面饼，非常厚而有饱足感。烤过之后的口感较柔韧，并不会像春卷皮一样松脆。

份量
Serving

1 人份

材料
Ingredients

墨西哥面饼	2 张
熏鸭肉	70g
洋葱	1/4 个
奶酪	1 片
盐	少许

作法
Method

1 洋葱切丝、炒软，放凉备用。
2 将 作法1 洋葱丝和熏鸭肉拌匀，加盐调味，再连同奶酪放入饼中，卷成长方形。
3 用帕尼尼机加热压出烙痕即可。

attention

若没有帕尼尼机，包好后放进烤箱烤，或放入平底锅，以少许的油两面煎黄也可。虽然没有压饼烙痕，但味道不会变呦！
百货公司、大型超市有售卖墨西哥面饼，比台式润饼皮厚，操作时可以卷紧一些。

Wrapanini

午茶时间

甜点和饮料，就像盘子和叉子，单独存在都好寂寞。完美的配套，不论眼睛、嘴巴、肚子或大脑，都一起满足了。细细吃完、慢慢品饮，最棒的是：热量、洁净，完全由我来控制。

可以大声说：再来一杯！

好喝的饮品，
疗愈疲累的身心

美味的饮料真是生活中重要的补给品啊！在寒冷忙碌的工作夜晚，一杯香浓、温暖的热饮可以马上去除疲惫，让身心为之一振。在慵懒炎热的午后，喝下一杯透心凉的冰饮则可以驱散周围逼人的暑气。

最棒的是，自制媲美咖啡店水准的饮品一点都不难！大部分的饮品制作工序都很简单，所以真正好喝的关键就取决于选择材料了。只要在家中准备少许品质好的茶叶或咖啡豆，再加上新鲜的水果或香草叶，就可以轻松完成好喝的饮料。

以茶饮为例，市售茶叶数百种，价格也是五花八门；但不一定价格高昂就是最好的选择喔！如果要制作加味的茶饮，那么的确无需使用到一斤上万的昂贵茶叶；但要记得，选择新鲜无添加、香气自然的好茶叶却是不可少的。

Hot Chocolate

美味
巧克力饮

美味关键

可可粉不会溶解于水，所以要用热水冲泡。虽然可可粉不会溶化，但散开得比较快，而熬煮时间会让味道释出，风味变好。

份量
Serving

1 杯

材料
Ingredients

无糖可可粉	1 大匙
沸水	100ml
牛奶	150ml
黑糖	2 大匙
苦甜巧克力	10g

（只要可可脂高于 45% 的巧克力皆可）

作法
Method

1 可可粉加入沸水中搅匀，继续熬煮约 1 分钟。

2 可可不熄火，加入黑糖和苦甜巧克力继续煮至溶化。最后加入牛奶，煮到喜欢的温度即可熄火。

attention

加入苦甜巧克力是为了让饮料有浓郁感，只要是你喜欢的口味都可以。但最好不要有夹心、坚果或果干，以免溶于饮料中。

牛奶不耐煮，沸腾后容易出现皮膜和颗粒，所以要最后放，只要够热就好。

Yogi Tea

瑜珈茶

美味关键

这个配方比较着重温暖的香料，味道相当强烈，但也会让身体非常暖和。

份量
Serving

1 杯

材料
Ingredients

肉桂棒（枝）	5cm
丁香	1 个
黑胡椒	10 粒
小豆蔻	3 个
姜	1 片
红茶包	1 个
热水	500ml

作法
Method

1 所有材料放入锅中，以热水煮约 5 分钟，熄火。

2 放入红茶包浸泡约 1 分钟，滤出茶汤，倒入杯中即可。

attention

印度盛产肉桂和姜，无论瑜珈茶、奶茶或咖哩中都常出现这两种香料。
瑜珈茶是让练习瑜珈的人在练习结束后，休息放松所饮用的。

Masala Chai

印度
香料奶茶

美味关键

预先碾碎茶包中的茶叶，使其出色和出味都很快速、浓厚，
不怕被大量牛奶掩盖了茶味。制作这种奶茶时，我喜欢用茶
包胜过完整的茶叶。若想用现成的茶叶，最好比平时的用量
再加约 1 倍，比较浓郁。

份量
Serving

1 杯

材料 A
Ingredients A

老姜 （约 1cm 厚）	1 片
肉桂	1 枝
豆蔻	半颗
小豆蔻	3 颗

材料 B
Ingredients B

红茶包	2 包
沸水	100ml
牛奶	150ml
红糖	1 大匙

作法
Method

1 材料A 用沸水煮约 1 分钟，熄火。

2 茶包放入 材料A 的香料水中，
浸泡约 1 分钟。

3 在 作法2 的茶水中加入牛奶和
红糖，开火煮至红糖溶化，
牛奶温热，即可熄火滤出茶
包和香料。

attention

香料有很多种选择，可依个人喜好调
整比例，若要印度风格强烈些，姜和
小豆蔻是不可少的。
这里使用整颗、整枝的香料，若想改
用粉状香料，可以用 1:1:1:1 的方式先
混合好，再取 1 小匙加入茶中。

masala Chai

Russian Black Tea

俄罗斯
果酱茶

美味关键

想要有香浓的水果香气，最好选择天然手工果酱，若没有手工果酱，至少要选择果粒含量高一些、果胶少一些，看起来比较不像果冻的果酱。

份量
Serving

1 杯

材料
Ingredients

红茶叶	3g
（约 1 小匙）	
沸水	250ml
有果粒的果酱	2 大匙

作法
Method

1 茶壶预热，放入红茶叶，接着倒入沸水浸泡约 2 分钟。

2 在杯中放入果酱后，再倒入 作法1 的红茶搅匀即可。

attention

叶片完整的红茶浸泡时间较长，泡完后味道不会苦涩，泡约 2 分钟即可。若要改成红茶包，就要缩短浸泡时间。从水注入开始默数 30 秒，就可以倒出茶水。

Honey Tea

蜂蜜奶茶

美味关键

蜂蜜不耐煮，熄火后再放比较好。

份量
Serving

1 杯

材料
Ingredients

红茶包	2 包
沸水	100ml
牛奶	150ml
天然蜂蜜	2 大匙

作法
Method

1 红茶包浸泡在沸水中约 1 分钟后，加入牛奶，再开火煮至牛奶滚热，熄火。
2 将蜂蜜加入奶茶中搅拌均匀即可。

attention

购买蜂蜜要找口碑信用好的商家，若没有习惯购买的品牌，农庄出产的蜂蜜或有机商店出售的品牌，都是不错的选择。

阳光
香草茶

美味关键

在太阳下曝晒会让水变得温温的，有助于香味萃取。因为温度低，茶叶中不会释放出苦涩物质，喝起来清爽不涩。缺少日照时，则可以直接放在室内的桌上，只要把时间拉长，约 6~7 小时也可以做成好喝的冷泡茶。

份量
Serving

2 杯

材料
Ingredients

红茶包	1 包
冷开水	400ml
新鲜香茅	1 枝
新鲜薄荷	4 枝

作法
Method

1 将茶包和香茅、薄荷统统放入有盖子的透明杯或瓶子里，倒入 400ml 的冷开水。盖上盖子，放到有日照的院子或窗台。

2 让瓶子接受日照约 3~4 小时，瓶中的水成为琥珀色茶汤，捞出茶包和香草，茶汤放入冰箱冰 1 小时，即可享用冰凉的香草茶。

attention

阳光香草茶的制作时间较长，而且新鲜香草体积比较大，若水位太低不太好泡，所以一次最少泡 2 杯。
这道茶饮最好不要使用干燥的香草，因为香味会打很大的折扣。

Fruits Tea

热带
水果茶

美味关键

洗净苹果，连皮一起煮才会有苹果香气，若只煮果肉，香味会很淡喔！香蕉要放入一起煮，煮过的香蕉会散发出与平常不太一样的香味。

份量
Serving

1 杯

材料
Ingredients

红茶叶	3g
苹果	半个
柳橙	1 颗
香蕉	4 片
热水	250ml
糖	适量

作法
Method

1 苹果去芯，切成薄片。柳橙切半，半颗挤出果汁，半颗切成薄片。香蕉去皮，斜切取 4 片备用。

2 将切好的苹果、柳橙、柳橙汁及香蕉，加入热水煮约 2 分钟熄火，放入红茶叶（或放入茶包），依自己喜好的甜度，酌量加糖即可。

French Coffee Milk

法式
咖啡牛奶

美味关键

因为牛奶用量大，即使不加糖也不会太苦涩，非常好喝。

份量
Serving

1 杯

材料
Ingredients

黑咖啡	150ml
全脂牛奶	100ml

作法
Method

1 用美式咖啡壶、法式滤压壶或手冲滴滤式咖啡冲泡一杯咖啡。

2 将牛奶加热，倒入咖啡里即可。

attention

法式咖啡牛奶，是用非浓缩黑咖啡加上热牛奶各一半混合而成。和拿铁不同的是，拿铁使用的是浓缩咖啡加牛奶和奶泡，所以咖啡牛奶喝起来稍微清淡些。

Kiwi Smoothie

奇异果
冰沙

美味关键

使用乳酸饮料调制，不用再加糖和牛奶，若不想加市售乳酸饮料，可改用无糖酸奶，再酌量加少许糖或蜂蜜。

份量
Serving

1 杯

材料
Ingredients

熟透的绿色奇异果 2 颗
乳酸饮料　　　　200ml

作法
Method

1 奇异果去皮、切小块，放入冷冻库至少冰 2 小时，成为水果冰块。

2 将冰冻的水果冰块和乳酸饮料，倒入果汁机中打成冰沙即可。

attention

冰冻的奇异果，我称之为奇异果冰块。不需加水，可以让冰沙的质地和味道比较浓郁。

奇异果在冷冻之前，请先切成好搅打的小块，以免整颗冻硬了之后会非常难切。

Kiwi Smoothie

Strawberry Orange Smoothie

草莓柳橙
冰沙

美味关键

因台湾橙子的甜度较高，可以不必再额外加糖，但若使用市售柳橙汁，那么酸度较高，可额外加少许蜂蜜或糖。

份量
Serving

1 杯

材料
Ingredients

草莓	1 杯
柳橙汁	半杯

作法
Method

1 草莓洗净、去蒂头，放入冰箱冷冻至少 2 小时成水果冰块。

2 冰冻草莓和柳橙汁一起放入果汁机，打成冰沙即可。

attention

草莓和柳橙的搭配是经典组合。柳橙汁是冰沙中液体的来源，可随意换成其他液体来改变冰沙的口味。
若改成酸奶或伯爵茶，就会成为另一种有趣的组合。

Strawberry Orange Smoothie

Strawberry Popsicle

草莓
冰棒

美味关键

若喜欢更香浓、滑顺的口感，可将半杯酸奶改为 1/4 杯，再加 1/4 杯鲜奶油。

份量
Serving

4 支

材料
Ingredients

草莓	1 杯
酸奶	半杯
（口味依个人喜好）	
草莓果酱	3 大匙

作法
Method

1 将所有材料放入果汁机中，搅打均匀，倒入冰棒模具中。

2 冰棒模具放入冰箱中，冰冻至少 2 小时以上即可取出。

attention

放入果酱的目的，除了让草莓的果味更加浓厚之外，同时也希望冰棒的冰冻结晶更均匀，减少一些沙沙的口感，所以尽量不要省略这个材料。

trawberry
Popsicle

内 容 提 要

本书由来自台湾的著名烘焙大师陈妍希所著，她将个人对料理独到的品味与见解，和她同各类甜点相处20多年的经验，用简洁细腻的语言和生动多彩的照片向读者展现出来，不仅教授读者可以在家制作丰富多彩的茶点，还可以让读者在家就能享受轻松浪漫的品质生活。

北京市版权局著作权合同登记号：图字01-2015-7101号

本书通过四川一览文化传播广告有限公司代理，经台湾野人文化股份有限公司授权出版中文简体字版本。

图书在版编目（ＣＩＰ）数据

我的小厨房甜点午茶书 / 陈妍希著 ； 王正毅摄影
. -- 北京：中国水利水电出版社，2016.6
ISBN 978-7-5170-4514-4

Ⅰ．①我… Ⅱ．①陈… ②王… Ⅲ．①甜食—制作
Ⅳ．①TS972.134

中国版本图书馆CIP数据核字(2016)第153981号

责任编辑：杨庆川　　加工编辑：庄　晨

书　　名	我的小厨房甜点午茶书	
作　　者	陈妍希 著 王正毅 摄影	
出版发行	中国水利水电出版社	
	（北京市海淀区玉渊潭南路 1 号 D 座　100038）	
	网址：www.waterpub.com.cn	
	E-mail：mchannel@263.net（万水）	
	sales@waterpub.com.cn	
	电话：(010) 68367658（发行部）、82562819（万水）	
经　　售	北京科水图书销售中心（零售）	
	电话：(010) 88383994、63202643、68545874	
	全国各地新华书店和相关出版物销售网点	
排　　版	北京万水电子信息有限公司	
印　　刷	联城印刷（北京）有限公司	
规　　格	190mm×240mm　16 开本　7 印张　99 千字	
版　　次	2016 年 6 月第 1 版　2016 年 6 月第 1 次印刷	
印　　数	0001 — 5000 册	
定　　价	39.00 元	